VESUVIO

Una guida completa alla scoperta della storia, la vita e le eruzioni di questo magnifico vulcano

*Parlato Delfino 13/12/1972 Pompei,
Guida vulcanologica.*

Sommario

CAPITOLO 1

La nascita del complesso vulcanico Somma-Vesuvio

La nascita del complesso vulcanico Somma-Vesuvio si fa risalire ad oltre quattrocentomila anni fa, datazione effettuata sui più antichi depositi vulcanici sottomarini raccolti con perforazioni profonde, anche se le informazioni più certe riguardano solamente gli ultimi venticinquemila anni.

La storia vulcanica viene suddivisa in tre periodi principali:

- Dalle origini all'eruzione del 79 d.c.

- Dal 79 d.c. al 1631

- Dal 1631 ad oggi

Inoltre negli ultimi venticinquemila anni il Vesuvio è stato caratterizzato da diversi tipi di attività riconducibili a tre principali tipologie eruttive:

- Eruzioni moderate di tipo effusivo

- Eruzioni forti di tipo esplosive subpliniane

- Eruzioni catastrofiche di tipo esplosive pliniane

Sicuramente è uno dei simboli che caratterizza la città di Napoli e più in generale il sud Italia, situato sulla costa occidentale dell'Italia, si affaccia sulla baia e sul capoluogo partenopeo e si trova in quello che è stato l'antico cratere del vulcano Somma.

Infatti, il Vesuvio è formato dal più vecchio vulcano del Monte Somma, la cui parte sommitale sprofondò generando una caldera e dal più recente vulcano del Vesuvio, cresciuto all'interno di questa caldera.

La sua altezza è di circa 1281 metri e domina con le sua impotenza l'intero golfo di Napoli.

Fa parte dell'arco vulcanico Campano, una serie di vulcani che si sono formati su una zona creata dalla convergenza delle placche africane ed euroasiatiche.

Questa zona si estende per la lunghezza della penisola italiana ed è anche la fonte di altri vulcani come l'Etna, i Campi Flegrei e lo Stromboli.

Nella classificazione vulcanologica appartiene alla categoria dei vulcani detti "grigi" per il tipo di materiali che emettono quando entrano in attività e nello specifico gas e ceneri abbondanti che obbligano ad una fuga precipitosa a chi vive nel raggio di decine di chilometri se non centinaia di chilometri dal cono vulcanico.

Le lave, in questo tipo di eruzioni, sono di

secondaria importanza e comunque seguono dopo giorni o settimana dall'inizio dell'attività.

Le rocce vesuviane sono diverse chimicamente dalle altre rocce eruttate di altri vulcani.

Ovviamente il Vesuvio è considerato uno dei più pericolosi al mondo vista la sua mancata attività eruttiva negli anni seguenti all'ultima eruzione del 1944. Oggi rimane, infatti, sotto osservazione costante da esperti e studiosi provenienti da ogni parte del mondo e addirittura fu creato negli anni addietro un Osservatorio, ideato per l'occasione da re Ferdinando secondo di Borbone.

Per quanto riguarda l'origine del nome esistono diverse teorie a riguardo.

Probabilmente il nome è di origine indoeuropea o deriva da Vesuvio, il capitano dei Pelasgi che dominò quel territorio.

Esistono, però, anche altre etimologie di natura più popolare. Ad esempio si ritenne che il vulcano traesse origine dal nome dell'eroe greco Ercole.

Oppure, ancora, dalla locuzione latina Vae suis (guai ai suoi).

Non sappiamo come fosse fatto davvero il vulcano prima delle sue eruzioni, ma abbiamo diverse testimonianze in merito.

Una tra le più importanti è un affresco di Pompei, chiamato "Bacco e il Vesuvio", il quale oggi è custodito al museo archeologico di Napoli.

Questo affresco ci mostra una montagna isolata piena di alberi e di vigne selvagge.

Bacco è raffigurato sulla sinistra coperto da enormi chicchi di uva. Invece, le ghirlande, gli uccelli e il serpente che striscia verso l'altare con un uovo fanno parte di un repertorio comune di decorazione di larari.

In realtà quello raffigurato è il Somma, essendo

appunto mostrato il lato più basso dal lato di Ercolano.

Invece, chi osserva dal lato di Pompei o Stabia ha davanti l'immagine di un lato piatto e coperto dal vulcano senza barriere naturali che possano in qualche modo fermare la furia che si sarebbe scatenata.

Infine, chi osserva da Nocera, vede soltanto la figura di un monte basso e niente di più.

Se il Vesuvio avesse conservato la sua forma di cratere circolare, forse i romani si sarebbero accorti del pericolo di vivere in quelle zone.

Inoltre, una considerazione da fare importante e che possiamo notare anche dall'affresco di Bacco, è che in basso alla cresta vulcanica sulla destra è possibile notare uno spuntone e un'area ovale scura. Alcuni studiosi hanno ipotizzato che il vulcano preistorico avesse al centro un altro cratere più piccolo nato da eruzioni precedenti avvenute 1200 anni prima della nascita di Pompei.

Quindi è possibile che l'area descritta fosse limitata a questo piccolo cratere centrale.

Addentriamoci ora in quella che è la storia di questo stupefacente ed enigmatico vulcano dividendola nelle tappe sopra citate.

Il Vesuvio è un vulcano che ha una lunga storia che comincia dal Rinascimento e giunge fino a noi, anche se fino al 1631 si hanno solo notizie derivanti da citazioni di storici o letterati.

Le narrazioni più dettagliate delle eruzioni si hanno dal 1631 fino ai giorni nostri.

CAPITOLO 2

La battaglia di Spartaco e il terremoto del '62

L'anno '62 è caratterizzato da un violento terremoto che fa tremare tutto, Pompei, Ercolano, le ville residenziali e rurali e tutta l'area circostante. Il sisma ebbe un'intensità stimata tra il quinto ed il sesto grado della scala Mercalli e l'epicentro venne localizzato lungo il perimetro meridionale del Vesuvio.

L'episodio e gli effetti del sisma vengono narrati da Seneca in un libro chiamato questioni naturali. Tantissimi monumenti vennero danneggiati e molti lavori di ristrutturazione, negli anni avvenire, non furono mai completati.

Il terremoto devastò il punto di vista sociale perché ne impedì la formazione di una nuova classe formata da liberti e da un'altra che basava la propria ricchezza sul capitale e non sui possedimenti.

Quando poi arrivò l'eruzione del 79 d.C. Che distrusse Pompei, la città era ancora in una fase di ristrutturazione in particolare di tutti quegli edifici che erano stati danneggiati dal terremoto, i cui lavori non furono mai terminati e che ancora oggi sono visibili negli scavi.

L' epicentro del terremoto fu localizzato dentro una faglia sul lato meridionale del Vesuvio nei pressi di Stabia.

Si ipotizzò che il terremoto potesse essere stato il precursore dell' eruzione del Vesuvio del 79 d.C., ma non ci furono mai certezze a riguardo.

Invece, tra il 136 e il 71 a. C.la Repubblica Romana dovette far fronte a diverse rivolte servili. La prima e la seconda guerra scoppiarono in Sicilia. La più impegnativa fu però quella creata dal gladiatore Spartaco, che si estese in buona parte della penisola italica.

La figura di Spartaco, eroe schiavo ribelle, viene

descritta come l' incarnazione del rivoluzionario proletario.

Nato probabilmente in Tracia nel 109 a.C.era un militare disertore, condannato in schiavitù dai romani e venduto ad una scuola per gladiatori a Capua, nell'odierna Santa Maria Capua Vetere.

Quindi fu obbligato a combattere in qualità di gladiatore, ribellandosi alle condizioni imposte dalla scuola. Così scappò insieme ad altri gladiatori nel 73 a.C. rifugiandosi presso il Vesuvio.

La scelta logistica di Spartaco dimostrò la sua astuzia militare perché da quel punto era possibile vedere in anticipo l'arrivo dei militari romani.

Il luogo dove i ribelli si rifugiarono con molta probabilità si ipotizzò essere nei pressi della Carcava di Ottaviano, voragine di un antico e silente cratere.

Infatti, alcuni scavi effettuati durante la

restaurazione di una strada statale hanno evidenziato la presenza nell'area di alcune strutture murarie, forse i resti di insediamenti abbandonati proprio dopo le rivolte sociali cappeggiate da Spartaco.

In quell'epoca il Vesuvio era molto diverso da come lo conosciamo oggi.

Il gran cono, infatti, si formerà soltanto nel secondo successivo, dopo l'eruzione del 79 d.c. che distrusse Pompei. Il vulcano era formato dal solo monte Somma ricoperto da una fitta vegetazione ricca di vigneti.

A fermare Spartaco e i suoi militanti vennero inviate delle milizie guidate da Gaio Claudio Glabro. L'esercito romano ostruì il sentiero di accesso, lì dove si erano rifugiati i ribelli, sperando di costringerli alla fame.

Spartaco, dal canto suo, aveva tanta esperienza militare e studiò un piano ingegnoso.

Approfittando del buio, i ribelli riuscirono ad

aggirare la milizia calandosi da un fianco del vulcano con delle corde ricavate dalle viti.

Quindi, i romani si ritrovarono circondati ed attaccati riportando numerose perdite.

Proprio così iniziò quella che fu definita la battaglia del Vesuvio, dove le forze guidate da Spartaco sterminarono la maggior parte dei militanti romani.

Successivamente i ribelli rinforzarono il proprio esercito con degli schiavi delle zone agricole dell'area vesuviana e riportano numerose altre vittorie.

Sicuramente Spartaco aveva previsto che gli schiavi di quelle zone avrebbero aiutato parecchio.

La Carcava, ovvero il luogo usato da Spartaco per la proprio libertà, è tutt'ora visitabile.

Si trova nel parco nazionale del Vesuvio ed è raggiungibile attraverso un percorso detto il sentiero di Spartaco, nei pressi di via Valle delle Delizie a Ottaviano.

Visitando questa zona è facile immaginare e rivivere le fasi della storica battaglia del Vesuvio.

Salendo lungo il sentiero, dove la vegetazione e i tronchi crollati hanno creato degli scenografici tunnel, è possibile ammirare gli imponenti versanti del monte Somma.

Le pareti vulcaniche conservano ancora oggi la propria maestosità. Fu proprio all'imbocco dell'unico sentiero in quell'epoca percorribile che le milizie romane provarono a prendere Spartaco.

I luoghi di Spartaco rappresentano un posto meraviglioso, dove la natura riesce a narrare la storia romana, quella che riguarda gli oppressi e gli stranieri.

I sentieri di Ottaviano evocano la storia non scritta dai vincitori, le gesta dei ribelli che decisero di sfidare l'esercito romano.

Un contrasto stupendo tra natura e una classe sociale che in quei tempi non era di certo considerata per il suo valore.

Un intreccio tra la natura e la storia tramandato nei secoli.

CAPITOLO 3

L'eruzione del 79 D.C.

La più nota eruzione del Vesuvio è quella nota come eruzione del 24 agosto del 79 d.c.

Fu descritta da Plinio il Giovane in due lettere a Tacito, considerate dei preziosi documenti per la vulcanologia, tanto da far prendere all'eruzioni così violente e distruttive il nome di eruzioni pliniane.

Plinio il Giovane la descrisse da Miseno, a ventuno chilometri dal vulcano e la rappresentò paragonandola ad un pino con il fumo che piano piano avanzava, sollevando terra e cenere.

In questa data, il Vesuvio, dopo ben otto secoli tornò in attività.

L'eruzione avvenne nel primissimo pomeriggio con l'apertura del condotto dopo una serie di esplosioni. Subito dopo una colonna di gas, cenere, pomici e frammenti litici si sollevarono dalla bocca del vulcano per circa quindici chilometri.

Questa fase dell'eruzione, accompagnata da vari terremoti, durò fino al mattino successivo, ma il collasso completo ne portò la formazione di flussi piroclastici che portarono la distruzione totale dell' area di Ercolano, Pompei e Stabia.

Il venticinque agosto in tarda mattinata, continuarono a formarsi gli stessi flussi piroclastici del giorno precedente, i cui depositi seppellirono in modo definitivo le città circostanti, disperdendo nell' area le ceneri.

Lo strato di pomici aumentava nei campi di circa quindici chilometri all'ora, mentre nei cortili e nelle strade l'accumulo poteva essere anche del doppio perché si aggiungevano a quelle provenienti dal vulcano anche quelle che scivolano dai tetti spioventi.

Il calore rilasciato da tale eruzione è stato centomila volte superiore a quello sperimentato durante l'esplosione delle bombe atomiche su Hiroshima e Nagasaki.

Le temperature sono state così alte in alcune zone da riuscire a vetrificare, nel vero senso della parola, la materia grigia di un uomo.

Secondo gli studiosi, la maggior parte delle vittime è morta per asfissia, soffocando a causa della nube tossica e della cenere, in particolare nell'area di Pompei.

A Ercolano, invece, la tragedia si consumò principalmente nella notte e nelle prime ore del mattino, quando dopo un' apparente pausa dell' eruzione, in molti fecero ritorno nelle proprie case.

Il materiale magmatico, però, arrivò in città con una velocità vicina ai cento chilometri orari e non risparmiò niente comprese le persone che provarono a buttarsi in mare per salvarsi e che invece vennero travolti dalle fiamme e dall'acqua che per le alte temperature iniziò a bollire.

Dopo più di un giorno di eruzione e duemila morti Ercolano, Pompei ed una buona parte di Stabia cessarono di esistere.

Per quanto riguarda la data di questo catastrofico evento, ci sono stati alcuni archeologi che dopo aver ritrovato frutta secca carbonizzata, braciere e vino ad invecchiare hanno ipotizzato che sia avvenuta in autunno e quindi il ventiquattro ottobre dello stesso anno e non in agosto come invece ci ha tramandato Plinio il Giovane nelle sue stesse lettere.

L'eruzione del '79 si attivò dopo aver lanciato dei segnali abbastanza evidenti.

Infatti, nei dieci anni che precedettero la tragedia, la zona circostante fu colpita da diverse scosse di terremoto e sciami sismici.

Un fenomeno naturale non significante dal

momento che per la popolazione di quel tempo era abbastanza normale.

Ma , comunque, mai nessuno avrebbe pensato ad un'eruzione di tale portata e vastità.

I flussi terminarono intorno alla tarda mattinata del giorno successivo all'inizio dell'attività e l'acqua delle falde andò a spostarsi sulle rocce surriscaldate dal magma, provocando delle violente esplosioni che fecero scuotere il vulcano ancora per un po'di tempo.

Al calar della sera del secondo giorno, l'attività del vulcano iniziò a scemare rapidamente fino a cessare del tutto.

Il Vesuvio oltre alle morti portò un cambiamento radicale a sé stesso e a tutta l'area circostante.

La sua cima non era più piatta, ma con una forma conica dalla quale scendeva vapore denso.

Inoltre, si aprì un cratere per circa tre quarti della

sua circonferenza.

L'impero romano cercò di andare in soccorso alle popolazioni più colpite e furono messe a disposizione ingenti risorse economiche per avviare la ricostruzione.

I pochi sopravvissuti tornarono sul luogo del disastro per constatare con i propri occhi la catastrofe avvenuta.

L'efficienza e l'organizzazione dell'impero romano permisero di ripristinare in gran parte le zone disastrate, ma nonostante ciò tutta la regione attraversò dei momenti di degrado totale.

Ci vollero decenni prima che l'imperatore Adriano riportasse tutta l'area nel suo precedente splendore.

CAPITOLO 4

Eruzioni tra il 79 d.C. E il 1631

Dopo l'eruzione del 79 sul Vesuvio assistiamo ad una sorta di silenzio e pace.

La prima notizia di una sua attività fu riportata nel 172 da Galeno, un medico greco che descrisse le proprietà dell' aria secca del luogo creata da fuochi sotterranei. Questo fenomeno pare che durò all'incirca otto giorni.

O ancora, Dione Cassio racconto di una violenta eruzione nel 203, i cui boati si sentirono fino a Capua, a quaranta chilometri di distanza dal Vesuvio.

Notizie di altre due grandi eruzioni avvenute nel 472 e 512 furono raccontate da Marcellino Comite, un cancelliere dell'imperatore Giustiniano. Si raccontò che le ceneri di questo incendio arrivarono fino a Costantinopoli, dove l'imperatore Leone primo ne rimase atterrito e pensò di fuggire via dalla città.

In tutte queste eruzioni raccontate non vennero mai fuori dal vulcano correnti di lave.

L'apparizione delle lave arrivò con l'incendio del 512 che portò parecchi danni. Questa eruzione fu descritta da Cassiodoro, un questore di re Teodorico, in una lettera scritta per chiedere l'esenzione delle tasse per le popolazioni danneggiate dall'eruzione.

Un'eruzione esplosiva, avvenuta tra il 680 e il 685, fu riportata da Paolo Diacono nella Historia Longorbardorum e altre furono segnalate nel 787 e 968.

Leone Marsicano, nelle cronache dell'abbazia di Montecassino, parlando dell'eruzione del 968, ci raccontò di un incendio grandissimo ed insolito che arrivò fino al mare.

In questa eruzione vi fu la prima testimonianza di una colata di lava definita come una sorta di resina sulfurea che precipitava verso il mare.

Numerosi autori, poi, hanno parlato di eruzioni nel 991, 993 e 999, ma essendo quegli anni pervasi dalla convinzione di una probabile fine del mondo, ogni riferimento a catastrofi deve essere vista con un certo sospetto.

Nelle cronache dell'abbazia di Montecassino fu segnalata un'altra eruzione durata sei giorni dal 26 gennaio 1037 ed un evento esplosivo tra il 1068 e il 1078.

L'ultima eruzione, prima di un lungo periodo di silenzio, avvenne agli inizi del giugno 1139 e fu descritta sia nelle cronache di Montecassino che in quelle dell'abbazia di Cava dei Tirreni ed anche dal segretario di Papa Innocenzo secondo che scrisse che il Vesuvio sputò fiori fuoco e fiamme per ben otto giorni.

Non si hanno testimonianze attendibili sull'attività del Vesuvio dopo il 1139.

Intorno al 1360 Boccaccio scrisse che il Vesuvio era spento e silente, senza nessuna fuoriuscita di fiamme e fumo.

Nel 1500 Ambrogio Leone da Nola raccontò di un'eruzione durata tre giorni, alla quale succedette la formazione di fumarole gassose.

Nel 1501 un soldato spagnolo accompagnato dalla regina Isabella descrisse il cratere come un grande farò dal quale usciva continuamente del fumo.

Nel 1575 Stephanus Pignius, un ecclesiastico belga in viaggio in Italia, descrisse il vulcano come un monte rivestito da splendidi vigneti e così anche i colli ed i campi vicini; in mezzo alla sua cima si apriva una voragine, ma il vulcano sembrava apparire freddo ovvero sembrava non emettere né calore né fumo.

Dal 1500 al 1632 è quindi certo che il Vesuvio sia rimasto inattivo o almeno per una buona parte.

La montagna si era ricoperta di coltivazioni e i paesi distrutti avevano cominciato a rivivere, lasciandosi alle spalle le eruzioni passate.

Crebbero dei grandi alberi fino al Gran Cono, ovvero quel cono all'interno della colonna del Somma e tutto il complesso venne chiamato la montagna di Somma, dal nome della città che sorge ai piedi del Vesuvio.

Quindi, possiamo dire che queste specie di eruzioni non avvenute o comunque di poca o nessuna importanza permisero alla popolazione di stanziarsi nuovamente in quei territori e quasi si perse la concezione di un'eruzione o perlomeno rimase solo un ricordo.

CAPITOLO 5

L'eruzione del 1631

Il 16 dicembre 1631 avvenne la più memorabile eruzione di codesto vulcano, dopo quella del 79.

Ignoriamo del tutto le manifestazioni antecedenti di questa tremenda conflagrazione, sia perché nessuno era preparato ad un avvenimento di tal genere, sia perché nei mesi invernali la cima del Vesuvio era ricoperta di nubi. Ciò nonostante, stando ad alcune testimonianze, si sentirono parecchi rumori sotterranei, in particolar modo durante la notte, prima che l'incendio si manifestasse del tutto e si pensò che quei rumori provenissero dal moto delle acque del fiume Dragone, rimasto sotterraneo dopo l'eruzione del 79.

Molti notarono che le acque dei pozzi iniziavano a scemare o a diventare torbide. Gli animali che pascolavano da quelle parti iniziarono a mettersi in fuga. Le agitazioni del suolo diventano sempre più frequenti.

Alcuni giorni prima che l'eruzione divampasse, persone di Ottaiano e di Torre salirono sul vertice del Vesuvio e notarono che il fondo del cratere era sollevato, gli alberi all' interno distrutti o comunque sollevati a causa del terreno fangoso. Ma tutti questi segnali non vennero compresi come precursori della grande tragedia che si stava preparando.

La fase più violenta durò tre giorni e tutta l'eruzione si esaurì in cinque giorni, lasciano al suo seguito abbondanti colate di fango e frane di materiali vulcanici accumulati sui pendii. Tra l'altro, da testimonianze giunte in seguito, siamo venuti a conoscenza che l'emissioni di ceneri e terremoti proseguirono per diversi mesi.

Dopo questa eruzione il Vesuvio cambiò nuovamente forma e cioè la cima apparve decapitata ed il cratere con un diametro di circa due miglia rispetto al miglio precedente.

Inoltre, dal lato di Torre del Greco si aprirono sei nuove bocche eruttive.

L'eruzione iniziò alle sette del mattino con la formazione di una colonna eruttiva alta all'incirca quindici chilometri, dalla quale cominciarono a cadere pomici e ceneri nella zona ad est del Vesuvio. Questo prodotto si andò ad accumulare ai lati orientali del vulcano e sui rilievi appenninici fino a ricoprire una buona parte della provincia di Avellino.

Intorno alle dieci del mattino del giorno seguente ci furono dei flussi dal cratere centrale che distrussero tutto ciò che era nella vicinanze per la velocità e la violenza con la quale correvano.

Inoltre ci furono abbondanti piogge che immobilizzarono la copertura di ceneri causando la formazione di colate di fango. Queste colate a loro volta scesero lungo i versanti del vulcano.

Le zone maggiormente colpite furono tutte quelle a nord e ad est del vulcano.

Questa eruzione fu definita dagli studiosi di tipo subpliniano ovvero caratterizzata dalla prevalenza di depositi da caduta su quelli da flusso e da surge. Questa eruzione provocò la parziale distruzione del cono vesuviano con la conseguenza che il vulcano si abbassò di oltre 450 metri.

Durante l'eruzione non ci fu soltanto panico, ma anche delle scene di confessioni pubbliche di peccati per le strade di Napoli, manifestazioni di penitenza, processioni con la statua ed il sangue di San Gennaro, quindi, delle scene che si possono definire quasi surreali.

Il conte di Monterrey, viceré di Napoli, dal gennaio di quello stesso anno, inviò alcune flotte di navi a prendere i sopravvissuti di Torre del Greco e Torre Annunziata.

Dopo qualche mese fece edificare a Portici una

lapide che incitava i posteri a non dimenticare la natura della montagna e a riconoscere subito e nell'immediato una probabile ed eventuale eruzione vulcanica.

I morti si aggirarono intorno a quattromila persone, gli sfollati intorno ai quattrocentomila. Possiamo dire che in questa eruzione non fu solo il fuoco a portare la desolazione e la morte, ma anche l'acqua che con i suoi impetuosi torrenti distrusse tutte quelle parti o zone che non erano state devastate dalle fiamme.

L'esperienza vissuta dalle popolazioni colpite fece nascere l'esigenza di avvisare la popolazione alla comparsa dei primi segni premonitori delle fasi più devastanti della attività del vulcano ed inoltre spinse ai cittadini che vivevano lungo la costa del Vesuvio di posizionare delle sirene sui campanili e lungo la costa per osservare il vulcano e il mare e capire ogni eventuale risveglio.

Nonostante le innumerevoli testimonianze, tra gli studiosi moderni è aperto un dibattito sulla ricostruzione dell'eruzione del 1631.

Diciamo che tutti quelli che video e descrissero l'eruzione non solo lo fecero presi dal terrore, ma mancavano anche di riferimenti, essendo il Vesuvio spento da tantissimo tempo.

Quindi, ci sono non poche difficoltà nel ricostruire la successione oraria degli avvenimenti e nel valutare l'attendibilità ed il linguaggio che non sempre risulta comprensibile e traducibile nei moderni termini.

Un altro aspetto che portò diversi dibattiti è stato la presenza o meno di colate di lava. Secondo alcuni studiosi ci sono state, secondo altri invece si è trattato solo di flussi piroclastici.

Quello che sicuramente possiamo confermare è che l'eruzione del 1631 devastò tutte le aree circostanti, case, terre, casali, interi paesi; addirittura le ceneri più fini arrivarono fino in

Basilicata, in Puglia, perfino in Dalmazia.

Quindi, in termini di vittime umane, un risultato e delle conseguenze simili a Pompei, ma rispetto a quell'eruzione, questa fu molto meno intensa sia come violenza in toto sia in base ai prodotti emessi.

CAPITOLO 6
Eruzioni tra il 1631 e il 1944

Con l'eruzione del 1631 il Vesuvio entra in una fase di attività persistente che dura, salvo brevi periodi, fino al 1944.

Durante questo periodo l'attività vulcanica fu perlopiù a carattere stromboliano, caratterizzata da fontane di lava ed emissioni di gas.

Tra il 1631 ed il 1944 sono stati individuati diciotto cicli stromboliano, intervallati tra di loro da periodi di inattività non più lunga di sette anni. Dopo la conclusione di ogni ciclo stromboliano assistiamo ad una violenta eruzione finale.

Episodi particolarmente violenti si ebbero nel 1794, nel 1882, nel 1834, nel 1850 e nel 1872.

Dopo il 1872 delle lenti emissioni di lava acida formarono dei suoni lavici, che oggi possiamo notarli nel Colle Umberto. In questi anni il cono del Vesuvio raggiunge la sua altezza massima con 1335 metri.

Nel novecento l'eruzione più violenta fu quella del 1906. Iniziata il quattro aprile con carattere effusivo incrementò l'attività esplosiva al cratere sommitale raggiunge il picco tra il sette e l'otto aprile. Durante quella notte la parte sommitale del cono cadde e al crollo susseguirono diverse scosse di terremoto.

La colonna eruttiva, nata appunto dall'eruzione, depositò ceneri e lapilli per molti giorni arrivando addirittura nei territori pugliesi.

L'eruzione andò avanti fino al ventuno aprile. Questa eruzione comportò l'abbassamento della cima del Vesuvio e creò una voragine di cinquecento metri di diametro e duecentocinquanta metri di profondità. Fu Giuseppe Mercalli che si trovava sulle pendici della montagna a studiare la situazione e a lanciare l'allarme di una nuova eruzione.

Negli anni successivi all'interno del cratere si crearono diversi frammenti di materiale che andarono a formare le pareti in modo quasi verticale alla voragine.

Nel 1913 il fondo del cratere sprofondò ulteriormente di settantacinque metri e si riempì di lava. Da questa data fino al 44, il Vesuvio alternò periodi di fermo a periodi di attività interna al cono.

Un'altra data importante è quella del ventotto novembre 1926 quando avvenne il primo trabocco di lava all'esterno del cratere e tre anni dopo una violenta eruzione.

Il dodici agosto 1943 la lava riprende a sgorgare all'interno del cratere a causa di una bocca posta ai piedi del cono. Infatti, l'apertura di questa bocca causò il crollo del cono con la conseguenza che le esplosioni aumentarono notevolmente.

Dunque arriviamo a quella che fu un'altra

eruzione violenta come quelle del 79 e del 1631, la cosiddetta eruzione del 1944 in piena seconda guerra mondiale.

È doveroso precisare che dopo l'eruzione del 1631, il Vesuvio monopolizzò l'attenzione del popolo di tutta Europa. Mentre le sue eruzioni erano devastanti e cancellavano intere popolazioni ed interi paesi, i lunghi periodi di inattività o riposo cominciarono ad attirare tantissimi visitatori che con i mezzi di allora si potevano avvicinare ad osservare questo grande fenomeno.

Inoltre di non meno importanza c'è la città di Napoli, capitale di un regno e che già agli inizi del settecento aveva cominciato gli scavi per riportare alla luce le città romane sepolte dall'eruzione del 79.

Tutto ciò fece diventare il Vesuvio e i suoi dintorni una meta irrinunciabile delle tappe italiane da visitare almeno una volta nella propria vita.

CAPITOLO 7

L'eruzione del 1944

Il 1944 fu l'anno dell'ultima eruzione del Vesuvio, pochi mesi dopo che la città di Napoli fu liberata dagli alleati durante la seconda guerra mondiale.

Il diciotto marzo del 1944 ci fu un aumento dell'attività vulcanica e alcune colate di lava iniziarono ad eruttare dall'orlo del cratere.

La principale colata ci fu in direzione nord ovest lungo i fianchi del Monte somma dirigendosi verso il fosso della vetrana e i paesi di massa di somma e San Sebastiano.

Dal ventuno marzo, mentre alcune colate si arrestano a meno di un chilometro e mezzo dal centro abitato di Cercola, iniziarono delle forti esplosioni direttamente dal cratere e i getti di lava crearono delle fontane alte due chilometri al di sopra della cima del vulcano.

Soltanto dal ventisette marzo le esplosioni diminuirono di intensità e frequenza, per terminare definitivamente il ventinove marzo.

L'eruzione colse di sorpresa un po' tutti, ma in particolar modo i soldati americani che presi alla sprovvista vennero ricoperti e distrutti dalle ceneri.

Questa eruzione dura all'incirca dieci giorni e fu prima effusiva e poi esplosiva.

Non sappiamo bene quanto morti provocò, di certo sappiamo che distrusse interamente gli abitati di San Sebastiano e Massa di Somma, così come sappiamo che in realtà all'epoca fu sottostimata l'intensità di questa eruzione.

Napoli non venne toccata dalla nube provocata dall'eruzione del vulcano perché fu protetta nel vero senso della parola da alcuni venti in quella direzione che allontanarono dalla città la nube di cenere e lapilli.

In realtà e probabilmente i testimoni dell'epoca

percepirono questa eruzione come minore perché già venivano da un periodo di devastazione come la seconda guerra mondiale e da tantissima sofferenza e povertà che ne conseguì.

Per scongiurare una catastrofe ci si affidò, così come accadde nell'eruzione del 1631, alla fede, ma non servì a molto perché la colata di lava non terminò il suo percorso e portò ugualmente le sue distruzioni.

Il maggiore americano Lewis, che si trovava sul posto, raccontò di quanto fu meravigliato nel vedere tutto il paese in una sorta di processione religiosa.

Raccontò di come gli abitanti del luogo spinti appunto dalla fede andavano incontro alla lava cantando e portando in processione il santo protettore del paese ovvero San Sebastiano.

Questa è l'ultima eruzione del Vesuvio e segna il passaggio del vulcano ad uno stato di quiescenza basato su attività fumarolica e bassa sismicità.

CAPITOLO 8

Terminologia sommaria delle diverse eruzioni vulcaniche

È doveroso fornire spiegazioni più dettagliate ed approfondite della terminologia usata fin ora nei capitoli precedenti e più in generale dei termini usati quando parliamo di eruzioni vulcaniche.

Iniziamo con la definizione di lava.

La lava è il principale elemento di tutte le eruzioni vulcaniche anche se qualche volta, come abbiamo visto, nel caso del vulcano Vesuvio non si è vista proprio scorrere lungo le pendici del monte.

La lava è materia fusa ignea ed acquosa, più o meno scorrevole con una temperatura superiore ai mille gradi centigradi. Essa conserva lo stato pastoso ad una temperatura di circa settecento gradi passando dal più alto livello di incandescenza al rosso scuro. Riguardo la sua velocità non possiamo fornire risposte ben precise perché dipende sempre dalla pressione interna, dalla temperatura, dalla scorrevolezza, dalla quantità di scorie e dall'inclinazione del suolo.

La lava è composta da diversi elementi quali i silicati, il ferro, l'alluminio, il rame, il piombo, il calcio, il potassio, il sodio. Inoltre la lava del Vesuvio è piena di cristalli di lencite e di pirosseni.

Quando il magma raggiunge la superficie ha pochissimo gas ed è abbastanza fluido, per questo si formano le eruzioni effusive, caratterizzate da una lava che durante il suo percorso può fluire fino a distanza di alcuni chilometri e far nascere diverse strutture.

Tipiche del Vesuvio sono le cosiddette lave scoriacee che hanno un aspetto rugoso e una superficie irregolare oppure le lave a corda che hanno una superficie arricciata in pieghe.

Un altro termine di cui abbiamo parlato sono i depositi piroclastici. Quando il magma che raggiunge la superficie è viscoso e pieno di gas nascono le eruzioni esplosive. I prodotti che derivano da questa attività vengono chiamati appunto piroclastici. Sono formati da ceneri, pomici, lapilli, bombe e frammenti del condotto vulcanico.

I più importanti depositi piroclastici prodotti dalle eruzioni del Vesuvio si ritrovano nel lato meridionale e sud orientale, in particolare ad Ercolano e tra Terzigno e Boscoreale e risalgono all'eruzione del 79.

Le fumarole, invece, sono emanazioni di vapore e altri gas vulcanici presenti nelle vicinanze di crateri o ai fianchi del vulcano attivo, ma anche in aree idrotermali dove i centri vulcanici non sono più attivi.

Per questo motivo le fumarole vengono più comunemente definite come fenomeni del vulcanismo di tipo secondario.

Grandi fumarole vulcaniche sono quelle presenti nella caldera vulcanica dei Campi Flegrei. I gas emessi hanno una temperatura che può arrivare fino ai novecento gradi centigradi, formando appunto dei fumi.

La caldera è una conca molto grande di forma circolare o ellittica che normalmente si forma dopo lo sprofondamento della camera magmatica di un vulcano dopo l'eruzione.

Spesso, data la forma concava, le caldere sono sede di laghi che si formano con l'accumulo di piogge all'interno della caldera stessa. Questo termine molto spesso viene confuso con quello di cratere che invece è proprio il vertice di un cono vulcanico.

Un'altra particolarità del Vesuvio è la presenza di tantissime specie diverse di minerali. La presenza di minerali è dovuta alle diverse modalità di formazione dei minerali stessi che sono nati dalle eruzioni effusive, esplosive o dalle attività fumaroliche. Tra i minerali prodotti abbiamo l'aragonite, l' analcime, il granato, la meionite, lo spinello, la vesuvianite, la magnetite, lo zircone e poi anche tutti quelli nati dalle colate laviche.

Il magma deve essere distinto dalla lava poiché è composto da una materia gassosa sciolta, solo quando fuoriesce dal vulcano con un'eruzione si trasforma in lava. Il magma è un fluido viscoso ad alta temperatura e alta pressione che inoltre quando si raffredda forma le rocce magmatiche.

Il magma è immagazzinato nella camera magmatica che si presenta al di sotto della superficie terrestre.

L'attività sismica è l'insieme dei terremoti nati all'interno di un vulcano che vengono rilevati attraverso uno strumento detto sismografo che registra le oscillazioni del terreno provocate dal passaggio delle onde sismiche.

Il sismografo è formato da una massa con un pennino che oscilla in una direzione e scrive su un rullo di carta rotante lasciando una traccia.

Siccome le onde possono arrivare da diverse direzioni, sarebbe opportuno registrare le oscillazioni con almeno tre sismografi secondo appunto le tre direzioni dello spazio.

Un'osservazione la meritano anche i fumi, i proiettili, i lapilli e le ceneri.

Il fumo è la prima cosa che notiamo quando si verifica un'eruzione vulcanica ed è composto da ceneri e vapori. Il fumo può essere trasportato per diversi chilometri quando soffiano i venti forti. Il fumo non è velenoso, ma la sua inalazione può provocare diversi problemi a tutte quelle persone che soffrono di asma o malattie a carico dell'apparato respiratorio.

I proiettili sono dei filamenti di lava ancora nello stato pastoso così come i lapilli che sono dei piccoli frammenti solidi di lava. Entrambi vengono espulsi dal vulcano durante le eruzioni soprattutto di tipo esplosivo.

Infine, le ceneri sono piccolissime particelle di rocce e minerali espulse durante la fase eruttiva dal vulcano stesso.

CAPITOLO 9

Flora e Fauna del Vesuvio

Durante la sua storia il vulcano è stato occupato da più di mille specie vegetali.

La vegetazione è quella tipica della macchia mediterranea e quindi il mirto, il corbezzolo, l'alloro, il vilburno e il rosmarino insieme anche ad alcune pinete.

Il Vesuvio risulta molto arido ed è stato riforestato per cercare di evitare frane sul territorio.

Sulle pendici del vulcano, sono cresciute anche le ginestre e alcuni tipi di orchidee.

Molto particolare risulta essere un bosco di betulle cresciuto nella valle del gigante.

Il primo essere vegetale a nascere tra le colate laviche dopo l'eruzione del 1944 è stato lo stereocaulonvesuvianum ovvero un lichene che ha la forma di un corallo di colore grigio e filamentoso. Questo lichene copre tutti i resti lavici dell'eruzione del 1944 ed il colore grigio fa assumere durante la notte dei riflessi argentati molto particolari, soprattutto quando la luna splende sul vulcano.

Sulle colate laviche più antiche si trovano addirittura tracce di valeriana rossa, l'artemisia, l'elicriso e la romice rossa.

La vicinanza del Vesuvio al mare e le favorevoli condizioni climatiche hanno permesso l'insediamento di diverse specie faunistiche.

Nello specifico due specie di anfibi, otto specie di rettili, centotrentotto specie di uccelli, ventinove specie di mammiferi e tra gli invertebrati contiamo quarantaquattro specie di lepidotteri diurni, otto famiglie di apoidei e formicidi.

Per quanto riguarda gli anfibi, in passato, erano rappresentati da altre specie che però con il tempo e con le varie eruzioni sono scomparsi ed anche perché la scarsità di pozzi e di acque superficiali sono stati fattori che hanno limitato lo sviluppo di questa classe animale.

Sicuramente la classe degli uccelli rimane il gruppo di animali che più si sono sviluppati in questo territorio e che più ha attirato numerosi studiosi. La vicinanza alla costa ha favorito la sosta di specie migratrici che provenendo dal mare si fermano nella zona del vulcano come punto di riferimento dove poter sostare dopo aver attraversato il Mediterraneo.

Tra i predatori, invece, abbiamo la volpe, la farina e la donnola.

Tutto ciò grazie anche alle risorse destinate dal ministero dell'ambiente e della tutela del territorio e del mare è stato possibile aderire ad un progetto chiamato "studio della mesofauna nelle aree protette" proprio con lo scopo di approfondire gli studi su alcune specie nell'area protetta.

Proprio a tal proposito è stata promossa una vera e propria educazione ambientale con lo scopo di tutelare e promuovere il territorio, il suo ambiente naturale e le sue caratteristiche. Infatti, sono stati promossi anche dei gemellaggi con alcune scuole alla riscoperta della storia, della cultura e della tradizione legata a questo fantastico vulcano.

Inoltre, dobbiamo dire, che il suolo fertile delle rocce, il clima con inverni miti ed estati calde e secche hanno permesso lo sviluppo di un'agricoltura Florida e varia.

Durante l'impero romana si ignorava totalmente la vera natura del Vesuvio, ma si sapeva con certezza che le sue pendici fossero molto fertili e ricche di minerali e potassio.

La vite rappresenta la più importante produzione agricola vesuviana. In questa zona nasce un vino quale la falanghina, diventato famoso in tutta Italia.

Altrettanto famosi sono i frutteti, in particolare di albicocche. Importanti anche i famosi pomodorini del Vesuvio che sono di piccole dimensioni, tondi, con una punta alla base e un sapore dolciastro.

Infine anche i funghi occupano un posto importante. Intorno all'area vesuviana sono presenti oltre duecento specie di funghi e questo perché il territorio è povero di acqua.

La raccolta di di funghi è permessa ai soli residenti della zona, i quali comunque devono attenersi al regolamento per la raccolta di funghi in questa particolare area.

CAPITOLO 10

Il Parco nazionale del Vesuvio

Le prime presenze dell'uomo in questa area risalgono intorno al terzo millennio a.C.

In ogni caso si tratta di un territorio da sempre popolato e sfruttato grazie alla grande fertilità della terra e per le opportunità che questa terra offriva.

I terreni lavici hanno costituito e costituiscono tutt'ora ottimi suoli per le coltivazioni, il pascolo, la produzione agricola e quella forestale.

L'attività dell'uomo si è intensificata anche con la pratica dell'incendio, la realizzazione di rimboschimenti e attraverso il processo di urbanizzazione che è arrivato fino alle falde del vulcano.

Tutti questi elementi hanno trasformato il territorio, impattando lo stesso ecosistema.

Si può dire che è nato un vero e proprio parco nazionale del Vesuvio.

Questo conta ed interessa tredici comuni tutti ricadenti nella provincia di Napoli.

Quelli più importanti o meglio quelli che abbiamo imparato a conoscere grazie alle eruzioni del passato sono Ercolano, Ottaviano, Somma Vesuviana, Torre del Greco.

Come parte integrante di questo parco possono essere inclusi e considerati anche altri paesi quali Cercola, Pompei, Portici, San Giorgio a Cremano e Torre Annunziata.

Il parco nazionale del Vesuvio si fa sostenitore di iniziative il cui scopo è quello di conservare e preservare il patrimonio culturale ed ambientale, ma anche di iniziative capaci di restituire a questi luoghi la propria memoria storica ed il rapporto uomo natura.

Il Vesuvio è il fulcro di un territorio in cui nascono le feste e i canti popolari soprattutto in occasione di feste religiose legate ai cicli delle stagioni.

Il tradizionale sistema economico legato all'agricoltura ed ai suoi vari cicli si mescola con un'economia più complessa e con una cultura sottoposta a continue trasformazioni. Eppure nonostante ciò le manifestazioni conservano la tradizione che si respirava un tempo e che è possibile ritrovarla soltanto in questo territorio.

Una delle attività che continua ad essere praticata è quella dell'artigianato che ha radici molto antiche.

Il parco Nazionale del Vesuvio nasce ufficialmente il cinque giugno 1995.

All'interno del parco è presente anche la discarica di cava sarò, per la quale il comune di Terzigno è stato al centro di numerose polemiche e scandali. Sono presenti anche altre tre discariche ufficiali.

Nel 2017 il parco ha subito gravissimi danni

ambientali provocati da un incendio per il quale ancora oggi se ne ignorano le cause. Questo incendio ha devastato una parte boschiva molto ampia, arrivando fino ai centri di Torre del Greco ed Ercolano.

La distruzione della foresta ha portato diverse conseguenze tra cui il rischio idrogeologico per l'area interessata. Infatti potrebbe sorgere la possibilità che i piroclasti vengano dilavati dalla pioggia causando danni a valle.

Successivamente agli incendi dolosi è stato adottato dal consiglio direttivo del parco il cosiddetto "grande progetto Vesuvio".

Questo progetto ha definito alcuni interventi importanti tra i quali:

- Pianificazione di interventi forestali con lo scopo di bonificare e recuperare le aree interessate dagli incendi

- Riqualificazione dei sentieri storici

- Attuazione di progetti a basso impatto ambientale per risalire sul Gran cono.

Per quanto riguarda i sentieri il parco presenta ben undici sentieri per una lunghezza totale di cinquantaquattro chilometri.

Qui troviamo sei sentieri di natura circolare, un sentiero educativo, un sentiero panoramico e un sentiero agricolo.

Il sentiero più lungo è quello della Valle d'

Inferno che sfiora all'incirca i dieci chilometri e presenta tornanti in salita ed in discesa intorno al Vallone Tagliente. Lungo questo percorso si possono visitare i Cognoli di Levante, un classico esempio di lava a corda. Continuando lungo questo percorso si possono ammirare gli scorci panoramici, la flora e la fauna tipica di questi luoghi.

Il secondo sentiero è quello dei Cognoli di Ottaviano, un itinerario molto panoramico che permette di vedere gli scenari del Vesuvio più selvaggi attraversando la foresta fino alla roccia lavica. Lungo questo percorso si possono ammirare gli speroni rocciosi, le pareti di lava rossa e le formazioni laviche e i tantissimi uccelli presenti.

Il terzo percorso è rappresentato dalla traversata alla volta del Monte somma. Questo è un percorso ad anello che porta fino a punta nasone che sarebbe la vetta più alta del monte somma. Questo è un percorso importante perché presenta dei tratti dedicati alle persone non vedenti e disabili motori. Da qui è possibile avere una panoramica completa del golfo di Napoli prima di immergersi nel bosco.

Inoltre è un sentiero molto fitto di vegetazione e presenta nella Valle del Gigante un bellissimo fiume di lava che ci fa immaginare e perderci nel passato. Qui è possibile trovare anche dei punti ristoro, una cappella dedicata alla Madonna ed una grande croce.

Il quarto sentiero è quello che si sviluppa lungo la riserva forestale tirone alto Vesuvio. Sicuramente può essere considerato uno dei percorsi più agevoli perché è quasi interamente piatto. Qui è possibile incontrare lungo il cammino tantissime specie di animali e ampi scorci sul mare azzurro, infatti, sembrerebbe essere il sentiero con la vista più spettacolare. Inoltre ha una curiosità particolare legata ad una leggenda. Si ipotizzò potesse esserci la baracca della strega Amelia, un personaggio dei fumetti di Walt Disney.

Il quinto sentiero è quello che riguarda il gran cono. Risalire questo sentiero è un'esperienza unica soprattutto per la grande emozione che si prova nel camminare lungo il cratere di un vulcano seppur silente comunque attivo e per la visuale che si può godere e che abbraccia tutta la Campania e una parte del Lazio.

L'accesso al cratere avviene sotto biglietto che è possibile acquistare online e attraverso un varco automatico presso il piazzale di quota 1000. Per percorrere questo percorso, rispetto agli altri elencati, occorre essere accompagnati da una guida alpina o vulcanologica.

Il sesto percorso prende il nome di Strada Matrone da due fratelli che tracciarono questo sentiero un secolo fa. Dura sette chilometri, durante i quali è possibile visionare le bocche laviche che si aprirono nel 1906.

Il settimo sentiero è quello del Vallone della Proficua. Si tratta di un percorso più breve rispetto agli altri e permette di attraversare il luogo dove nascono i pomodorini a piennolo tipici di queste zone. Questo sentiero poi termina in una pineta.

L'ottavo sentiero si sviluppa lungo un tragitto chiamato Trenino a Cremagliera. Il tratto di cremagliera faceva parte di una linea ferroviaria che nel lontano 1903 trasportava i turisti da Ercolano alla stazione inferiore della funicolare. L'eruzione, poi, del 1944 distrusse la funicolare che venne sostituita dalla seggiovia, ma chiusa anche questa a causa del forte vento. A metà di questo percorso è possibile toccare con mano il calore del vulcano per la presenza di una Fumarola situata tra i blocchi di lava.

Il nono sentiero è il fiume di lava. È un percorso breve e molto agevole, attraversa un paio di boschi suggestivi, dove è possibile trovare le ginestre e la valeriana. Questo itinerario permette di vivere l'emozione che si prova nel passeggiare su una colata lavica, con un paesaggio quasi lunare. È un percorso che spesso viene scelto dalle scuole come gita scolastica anche perché parte nelle vicinanze dell' osservatorio vesuviano quindi è possibile conciliare le due visite.

Il decimo sentiero prende il nome di Olivella ed arriva fino a delle sorgenti di acqua, evento molto raro considerando che ci troviamo su un vulcano. Lungo questo percorso si trova un anfiteatro naturale dove è riposta una statua della Madonnina.

L'ultimo percorso è la Pineta di Terzigno, un sentiero del tutto pianeggiante all'interno di una fitta pineta, nato più che altro per passeggiate piacevoli e per persone con difficoltà motorie perché presenta delle larghe pedane in legno sorrette da pali di castagno. Questo è un percorso tipico di un bosco e si sviluppa lungo la parte occidentale del vulcano.

CAPITOLO 11

Musei e aree archeologiche

Attraverso la città di Pompei, gli scavi di Ercolano, Oplonti, Somma Vesuviana e tutti gli edifici storici e le ville relative a queste zone raccontano una storia piena di intrecci dove c'è un forte legame tra uomo e vulcano che si riflette in tutto dai sapori ai mestieri alle tradizioni di questi luoghi.

Come abbiamo letto l'eruzione del 79 ricoprì completamente le due città di Pompei ed Ercolano così come tutte le ville circostanti.

Questi siti sono stati scavati in modo graduale e resi accessibili al pubblico dalla metà del diciottesimo secolo. Anche se per quanto riguarda Ercolano molte aree risultano essere ancora sepolte.

Pompei con i suoi edifici conservati alla perfezione in un'area scavata di quarantaquattro ettari è il sito archeologico al mondo che offre una visuale completa di come poteva essere una città romana.

Il foro principale è circondato da edifici come il Capitolo in, la basilica e i templi e all'interno della città è possibile trovare anche diversi complesso termali pubblici, due teatri e un anfiteatro.

Tra le costruzioni ritrovate troviamo al Villa dei Misteri, una casa signorile con ampi spazi e ampi saloni, decorazioni lussuose, la raffigurazione dei misteri dionisiaci.

Ercolano, invece, essendo di fronte al mare, presenta uno stato di conservazione migliore anche perché la colata piroclastica che distrusse la città nell'eruzione del 79 aveva una composizione particolare che appunto conservò nel tempo le varie costruzioni.

Tra le meravigliose scoperte, qui, troviamo la villa dei Papiri, residenza di Lucio Calpurnio

Pistone, dalla quale sono stati recuperati reperti archeologici.

Entrambe sono famose per la presenza di diversi edifici commerciali e residenziali.

Si trovano nella lista del patrimonio dell'umanità dell' UNESCO dal 1997 e attraggono milioni di visitatori ogni anno.

A Torre Annunziata o meglio definita Oplonti, è stata portata alla luce una delle più ricche ville romane probabilmente appartenuta a Poppea e considerata una dimora estiva dei pompeiani ricchi. Questa villa si trovava in un sito privilegiato sia per la vicinanza al mare sia per la vicinanza a Pompei.

Torre Annunziata presenta anche altre testimonianze importanti come la Villa di Caio Siculi e le antiche terme di Marco Crasso Frugi. Questi ultimi siti, però, non sono aperti al pubblico.

Un'importante scoperta è stata la Villa Augustea

a Somma Vesuviana. Si trova a cinquanta metri dal livello del mare, in zona pianeggiante. Fino a qualche decennio fa sembrava un bosco agricolo per la sua natura fitta, ricca e lussureggiante. Sicuramente questo sito comprendeva un punto di acqua potabile o qualche sorgente nei dintorni ed è dimostrabile dalla presenza di una grande cisterna. Questa villa presente delle decorazioni legate al culto di Dioniso e al culto di Pan con grappoli di uva e foglie di vite e statue. Ovviamente è stata distrutta dalla varie eruzioni e si può dire che il lavoro di recupero è ancora agli albori.

In queste zone è possibile trovare anche diversi musei che sono diventati più o meno importanti lungo il corso dei tempi.

Uno di questi è il Museo Archeologico Virtuale di Ercolano. Si trova a pochi passi dagli scavi archeologici ed è un vero e proprio centro di cultura e tecnologia ritenuto più all'avanguardia in tutta Italia.

All'interno si trova uno spazio con un percorso virtuale ed interattivo dove è possibile compiere un viaggio a ritroso nel tempo fino all'eruzione pliniana del 79 d.C. Che distrusse le città di Pompei ed Ercolano.

Sono presenti installazioni multimediali, ricostruzioni scenografiche, interfacce visuali ed ologrammi. Quindi, il visitatore può sperimentare in modo del tutto interattivo ciò che offre il patrimonio archeologico.

Questo museo sorge in un' area di cinquemila metri quadrati su tre livelli e si trova nel cuore di Ercolano.

Un altro museo è quello della civiltà contadina, arti, mestieri e tradizioni popolari.

È un museo che si trova all'interno del complesso monumentale di Santa Maria del Pozzo a Somma Vesuviana. Riunisce una collezione di tremila pezzi che sono considerati essere testimonianza della cultura contadina a partire dal 1050 fino ai giorni odierni. Il percorso all'interno di questo museo è organizzato per sensibilizzare i cinque sensi.

Gli oggetti in esposizione sono tutti funzionanti e sono usati da artigiani e contadini che in occasione di eventi o mostre particolari fanno rivivere gli antichi mestieri.

Il museo presenta anche uno spazio esterno dove si trova l'orto coltivato a frutteto, delle piante officinali aromatiche e medicamentose e anche animali da cortile e da carico.

Ancora, il museo e opificio Emblema.

Si tratta di un museo particolare unico nel suo genere dove si coniuga un mix perfetto tra arte moderna e arte contemporanea.

Il museo è privato ed è gestito da un'associazione senza scopo di lucro ed è nato dalle volontà di Salvatore Emblema. Volontà che sono state quelle di creare nel suo paese di origine ovvero Terzigno e sul Vesuvio uno spazio dedicato all'educazione, allo studio e alla diffusione dell'arte contemporanea.

È una sorta di casa museo dove appunto si visita l'atelier studio dell'artista, l'uomo del Vesuvio, tra gli artisti più apprezzati nel novecento.

Per quanto riguarda, invece, gli edifici storici dobbiamo sicuramente spendere delle parole riguardo le ville rustiche romane nell'area pompeiana. Gli scavi archeologici hanno portato alla luce tantissime strutture che hanno permesso anche la scoperta ed il recupero di decorazioni parietali e pavimentali e di oggetti di valore che oggi si trovano nelle collezioni in musei importanti in tutto il mondo.

Tra le ville rustiche una delle più importanti è Villa Regina a Boscoreale. In questa villa l'attività principale era la produzione di vino, infatti, nel sito sono stati ritrovati ambienti dedicati alla torchiatura dell'uva, la vasca per la pigiatura, la cella vinaria per la conservazione del vino.

Una scoperta importante è il Miglio d'oro ovvero quel tratto di strada che inizia da San Giovanni a Teduccio e finisce a Torre Annunziata. Anche se in passato si intendeva quel tratto di strada che andava da Ercolano a Torre del Greco ed era pieno di ville gentilizie la cui lunghezza misurava un miglio. Successivamente questo percorso si estese nei territori di Portici e di San Giorgio a Cremano anche perché questo percorso voleva collegare il palazzo reale di Napoli con quello di Portici. Questo tratto di strada si trova ancora oggi lungo il tratto costiero dei comuni vesuviani fino ad arrivare alle pendici del Vesuvio e presenta ben centoventi ville con un'unica uguale costante che è la presenza del giardino in ognuna di loro.

Di grande interesse storico architettonico è il Casamale, un borgo medievale unico all'interno del parco nazionale del Vesuvio. Questo presenta una cinta muraria di origine angioina.

All'interno della cinta muraria è presente la chiesa delle alcantarine e la chiesa delle collegiate.

Nel territorio di Somma Vesuviana è presente un importante castello chiamato il castello d'Alagno realizzato per volontà di Lucrezia d'Alagno. Questo castello nacque all'esterno delle mura aragonesi, a ridosso del borgo medievale di Casamale. Successivamente il vecchio castello fu sostituito da un nuovo edificio più vicino a Santa Maria a castello.

Importante anche il Santuario di Madonna dell'Arco che custodisce l'immagine sacra della Madonna detta appunto dell'Arco. Questa è metà ogni anno di pellegrinaggi di tantissimi fedeli.

Tra le chiese ricordiamo anche quella di Santa Maria delle Grazie e quella di Santa Maria di Pugliano ad Ercolano. Quest'ultima è il santuario più antico della zona vesuviana.

Infine sul versante vesuviano nel comune di Boscotrecase troviamo la Masseria Casa Bianca che anticamente fungeva anche da locanda, osteria e punto di sosta per far riposare i cavalli dei viaggiatori che si accigenvano ad attraversare il gran cono e poi il complesso di Santa Maria del Pozzo alle pendici del Monte Somma. Secondo una leggenda quest' ultimo fu considerato un luogo di culto della religione cristiana.

CAPITOLO 12
Osservatorio Vesuviano

L'osservatorio Vesuviano è la sezione di eccellenza dell'istituto nazionale di Geofisica e vulcanologia. Oggi ha la sua sede principale operativa nel quartiere napoletano di Fuorigrotta.

Trattasi di un palazzo grande e moderno di vetro all'interno del quale si svolgono tutte le attività di monitoraggio, ricerca e studio dei fenomeni geologici, vulcanici e altro legati non solo al Vesuvio, ma anche a Ischia, ai campi Flegrei, allo Stromboli e ai vulcani in generale.

L'osservatorio nacque nel 1841 dal re Ferdinando secondo di Borbone e non era posizionato a Fuorigrotta, ma venne costruito proprio sul Vesuvio stesso, lungo il suo versante orientale, affacciandosi direttamente sul golfo di Napoli e con più precisione sulla collina dei

Canteroni a seicento metri di altitudine.

Questo è stato da sempre considerato un luogo sicuro perché in centosettanta anni di storia non è si è mai distrutto nonostante le tante e potenti eruzioni.

Oggi la sede storica è diventata un vero e proprio museo, un luogo destinato alla conservazione delle preziose collezioni mineralogiche strumentali ed artistiche, oltre che di una ricca biblioteca storica.

È un museo aperto al pubblico con visite gratuite dove viene spiegata la storia e la struttura del vulcano, proiettando addirittura i visitatori nei possibili scenari futuri con tutte le eventuali eruzioni. Inoltre viene anche illustrato il piano di emergenza per affrontare un'eruzione nel caso in cui il vulcano si risvegli.

Al suo interno è presente anche una mostra permanente che porta il visitatore attraverso un percorso dedicato al mondo dei vulcani più in generale. Ospita antichi strumenti scientifici come ad esempio il sismografo di Luigi Palmieri, il primo sismografo elettromagnetico con il quale si verificò la corrispondenza tra i processi vulcanici e quelli sismici.

O anche collezioni di minerali e rocce, una raccolta di sculture e dipinti, testi di vulcanologia, sismologia e meteorologia.

Dunque, visitare questo museo significa poter smentire tanti luoghi comuni sul Vesuvio, prendere coscienza dei rischi reali che potrebbero presentarsi e capirne le possibili soluzioni, approfondire l'aspetto scientifico del vulcano ripercorrendo una storia fatta di grandi uomini, naturalisti e scienziati.

L'osservatorio fu costruito a due chilometri di distanza dal cratere del Vesuvio, posizione ottimale per studiare e capire tutti gli sviluppi dell'attività vulcanica.

Qui si susseguirono diversi direttori alla sua

guida, tra i più famosi, sicuramente dobbiamo ricordare Mercalli che diede vita e nome alla scala di misurazione dell' intensità dei fenomeni sismici e lo stesso Palmieri che fu protagonista di una violenta eruzione che portò la morte di alcuni studenti.

L'osservatorio compie un lavoro eccezionale dal momento che vivere all'ombra di un vulcano non è affatto facile soprattutto se questo vulcano è vivo in tutti i sensi.

Inoltre controlla anche l'attività del vulcano Stromboli in Sicilia in collaborazione con le sezioni siciliane.

Per monitorare l'attività del Vesuvio sono stati posti ed installati degli strumenti che monitorano ventiquattro ore su ventiquattro le deformazioni del suolo, l'attività sismica, l'emissione di gas e le fumarole.

È un lavoro continuo svolto dai ricercatori attraverso un metodo interdisciplinare che garantisce che i dati in possesso siano letti ed interpretati nel modo più completo che esista.

CAPITOLO 13

I Campi Flegrei

I Campi Flegrei sono una grande area di origine vulcanica situata a nord ovest della città di Napoli. Si tratta di una zona alquanto singolare, infatti, non può essere considerata un vulcano dalla forma a cono, ma una vasta caldera ampia circa 12 per 15 chilometri.

La storia eruttiva dei campi flegrei si basa principalmente sulle eruzioni dell' ignimbrite campana e del tufo giallo napoletano.

Questi eventi furono molto violenti tanto che il magma prodotto e la velocità con il quale venne emesso provocò violenti crolli e la nascita delle caldere.

Per questo motivo la forma dell'area è quella di un semicerchio bordato da coni e crateri vulcanici.

La parola flegrei si fa risalire alla presenza delle

tante fumarole e acque termali, consociate e sfruttare sin dai tempi più antichi.

L'ultima eruzione si ebbe nel 1538 che pur non essendo fortissima ha interrotto un periodo di silenzio che durava da tremila anni e nel giro di pochi giorni ha dato origine al Monte Nuovo. Da allora l'attività si è basata per lo più su fumarole localizzate nell'area della Solfatara.

Infatti, qui si hanno molte manifestazioni gassose.

In quest'area si verifica anche il fenomeno detto di bradisismo ovvero un movimento molto lento che solleva ed abbassa il suolo.

Le fasi di abbassamento sono asismiche e hanno una bassa velocità.

Le fasi di sollevamento sono invece caratterizzate da un'intensa attività sismica e una maggiore velocità del suolo.

L'ultima crisi bradisismica si è verificata nel

1983.

Oggi per i Campi Flegrei si mantiene un livello di allerta giallo per la variazione costante di alcuni parametri che vengono monitorati.

Infatti, a partire dal 2006 abbiamo assistito ad una fase di sollevamento importante che ha fatto sollevare il suolo di oltre trenta centimetri e non si è mai arrestato.

Nello stesso modo sono aumentati anche i fenomeni sismici.

Attualmente, nonostante l'allerta gialla, non c'è un vero e proprio rischio di eruzione anche perché se ci fosse avremmo tantissimi segnali in più e soprattutto un cambiamento nella composizione chimica delle fumarole vulcaniche presenti in tale area.

È completamente diverso dal Vesuvio e da qualsiasi altro complesso vulcanico presente in Italia perché i Campi Flegrei sono definiti come un supervulcano.

Infine, da molti anni, è stata lanciata la proposta di realizzare un impianto geotermico nell'area flegrea con lo scopo di sfruttare l'energia del calore imprigionato nel sottosuolo.

Si tratta di un'idea vantaggiosa in termini energetici, ma di difficile realizzazione perché la zona dei Campi Flegrei è instabile ed urbanizzata oltre ad essere soggetta al fenomeno del bradisismo.

A giugno 2020 i Campi Flegrei sono tornati sotto l'attenzione di tutti per la realizzazione di un pozzo geotermico nell'area di Agnano.

Lo scopo del progetto è sempre quello di sfruttare l'energia geotermica realizzando degli impianti con elevata efficienza energetica e ridotto impatto ambientale.

Il pozzo avrebbe dovuto raggiungere una profondità di cento metri, ma il crearsi di un'intensa Fumarola alta decine di metri ha mandato nel panico gli abitanti della zona, per tal motivo questo progetto così innovativo e il suo cantiere sono stati bloccati.

CAPITOLO 14

Cosa accadrà?

Il Vesuvio è considerato uno dei vulcani più pericolosi al mondo. Se si svegliasse potrebbe provocare una catastrofe talmente grande e forte da scagliare una colonna di cenere e pietre alta quaranta chilometri, così grande da raggiungere la stratosfera.

Dopo l'ultima eruzione del 1944, il vulcano è entrato in una fase di silenzio quasi assordante che ha oltretutto favorito lo sviluppo immobiliare sulle sue pendici, illudendo gli abitanti delle zone vesuviane che il Vesuvio fosse addormentato per sempre.

Infatti si è passati da uno stato attivo con un condotto di alimentazione aperto ad uno stato quiescente con un condotto di alimentazione ostruito, ovvero lo stato attuale.

Secondo i vulcanologici il Vesuvio si sveglierà

improvvisamente e la sua eruzione in soli dieci minuti causerà un milione di morti. Il fuoco erutterà ad una velocità di cento metri al secondo e ad una temperatura di mille gradi centigradi, distruggendo tutto il paesaggio circostante.

Ovviamente tutto ciò non è possibile prevederlo, certamente secondo studi fatti, non sarà così presto, ma il momento arriverà e la conferma viene dalla storia.

Infatti, le eruzioni su larga scala arrivano una volta ogni millennio. Quelle su media scala una volta ogni quattro secoli. Quelle su piccola scala ogni trenta anni.

Per contenere almeno in parte quella che potrebbe essere una catastrofe annunciata, occorrerebbe educare la popolazione di tutta quell'area più interessata, pianificare l'urbanizzazione e le infrastrutture in funzione di una possibile ed imminente eruzione.

Gli studiosi ci dicono che bisognerebbe costruire delle città resilienti e sostenibili, ma per fare questo sui vulcani ci vuole una valutazione dello scenario eseguita con strumenti in grado di simulare perfettamente una completa eruzione.

Come abbiamo visto prima di un'eruzione si verificano dei segnali precursori che nascono dal movimento del magma in profondità.

I principali segnali precursori sono gli eventi sismici, il tremore vulcanico, le deformazioni del suolo, le variazioni dei gas emessi.

Attraverso lo studio di questi fenomeni è possibile capire in anticipo se sta accadendo qualcosa di brutto e potente.

Il Vesuvio, al momento, presenta un livello di allerta verde quindi un livello base poiché non si verificano variazioni significative sullo stato di attività del vulcano.

Ovviamente non possiamo escludere nulla, ma

così come ci insegna la storia bisogna essere pronti a tutto.

98

EPILOGO

Con questo libro vi abbiamo voluto mostrare e raccontare la storia evolutiva di questo favoloso e spaventoso vulcano.

È considerato uno dei vulcani più rischiosi e più studiati al mondo ed è anche quello più tenuto sotto controllo proprio per il fatto che alle sue pendici vi abitano all'incirca tre milioni di persone e le conseguenze di una possibile eruzione sarebbero devastanti.

La sua lunga storia ci fa sognare ed immaginare, quasi da protagonisti, quello che è accaduto nel corso del tempo.

Consigliamo a tutti voi di documentarvi, anche per il solo e semplice gusto di un arricchimento culturale e personale e per comprendere meglio con termini più specifici e dettagliati il mondo della vulcanologia.